MÉMOIRE

SUR la maniere de reconnoître les différentes especes de Pouzzolane, & de les employer dans les constructions sous l'eau & hors de l'eau : pour servir de suite & de supplément aux recherches sur la Pouzzolane de M. FAUJAS DE SAINT-FOND.

LA Pouzzolane est un ciment naturel formé par les scories & les laves pulvérulentes des Volcans : cette terre, le ciment par excellence des Romains, a été très-anciennement appellée *Pouzzolane*, du nom de la Ville de Pouzzole dans la Terre de Labour, où elle est abondante, & où l'on en aura probablement fait usage, avant qu'on en eût découvert ailleurs.

Le Vésuve, l'Etna & tous les Volcans brûlans en fournissent; les Volcans éteints en renferment des amas considérables : Baye, Pouzzole, les environs de Naples & de Rome, & presque toutes les parties de l'Italie anciennement dévastées par les feux souterrains, en contiennent.

Cette terre unie dans les proportions requises avec une chaux de bonne qualité, prend corps dans l'eau; & y forme un mortier si adhérent & si intimément lié, qu'il peut braver impunément l'action des flots, sans éprouver la moindre altération.

L'on voit sur le rivage de Pouzzole des blocs de maçonnerie en Pouzzolane qui subsistent depuis plus de quinze siecles, & qui ont acquis une telle solidité, que l'effort des vagues les polit plutôt que de les altérer : le fameux môle de Pouzzole, connu sous le nom de *Pont de Caligula*, construit avec ce sable volcanique, subsiste au milieu des flots dont

MÉMOIRE

SUR LA

MANIERE DE RECONNOITRE

LES DIFFÉRENTES ESPECES

DE POUZZOLANE,

ET

DE LES EMPLOYER DANS LES

CONSTRUCTIONS

SOUS L'EAU ET HORS DE L'EAU;

POUR ſervir de Suite & de Supplément aux Recherches ſur la POUZZOLANE de M. FAUJAS DE SAINT-FOND.

A AMSTERDAM,

Et ſe trouve A PARIS,

Chez NYON, Libraire, rue Saint-Jean de Beauvais.

M. DCC. LXXX.

il ſe joue, depuis des tems très-reculés.

Il exiſte à Toulon une vieille Tour très-curieuſe, baignée par la mer, les joints des pierres de taille ſont cimentés avec de la Pouzzolane, & ont réſiſtés au frottement habituel des eaux & à la cauſticité de l'acide marin; tandis que la pierre a été rongée & preſqu'entiérement détruite, ces petites liſtes de Pouzzolane forment des encadrements en ſaillie, qui prouvent que ce ciment eſt inaltérable.

Le Baſſin conſtruit dans le Port de l'arcenal de la même Ville ſous la direction de M. Grognard, ce chef-d'œuvre d'art & de génie fait pour immortaliſer le nom de ſon Auteur, eſt conſtruit en Pouzzolane: Vitruve avoit donc raiſon de dire que cette terre *opere naturellement des choſes admirables*, & que les conſtructions qui en ſont formées *ne peuvent être détruites, ni par les vagues, ni par l'action de l'eau* (*a*).

(*a*) *Eſt etiam genus pulveris quod efficit naturaliter res admirandas. . . neque eas fluctus, neque vis aquæ poteſt diſſolvere.* Vitruv. lib. 2. cap. 6.

Le goût de l'hiſtoire naturelle, ayant pour le bonheur des arts, fait des progrès rapides en France, l'on s'eſt empreſſé de faire des recherches dans pluſieurs Provinces qui renfermoient des objets dignes de la plus grande attention, & la plupart de ces recherches ont été portées heureuſement ſur des objets d'utilité : bientôt les matériaux des plus belles porcelaines ſe ſont préſentés ſous la main des Obſervateurs; le pays des Voges, la Bourgogne, le Dauphiné ont fournis des granits qui égalent & ſurpaſſent même ſouvent en couleur & en dureté, ceux que l'Egypte, la Grece & l'Italie recherchoient avec tant de dépenſes : d'autres Provinces ont procurés des albâtres & des marbres de pluſieurs eſpeces.

L'on a reconnu auſſi que l'Auvergne, le Vélay, le Vivarais, &c. recéloient de grands & magnifiques reſtes d'antiques Volcans, dont les produits offrent encore tous les caracteres & la conſervation de ceux qu'on trouve dans les Volcans en activité; on y a distingué plusieurs especes de Pouzzolane.

Le Vivarais ayant été visité plusieurs fois par M. Faujas de Saint-Fond, qui en a publié l'histoire volcanique, ce Naturaliste y fit connoître plusieurs endroits qui fourniroient des Pouzzolanes, il en fit ouvrir une mine des plus intéressantes sur la montagne de *Chenavari*, au dessus de Rochemaure non loin du Rhône, dans l'intention de faire voir qu'on pouvoit se passer de tirer cette terre de l'étranger, & il eut la satisfaction d'y trouver les trois especes de Pouzzolanes les plus recherchées. Les essais en furent faits, à Toulon en 1777, par ordre du Ministre de la Marine, & les différents Procès-verbaux dressés à ce sujet prouvent l'identité de cette terre avec celle d'Italie.

Mais rien ne confirme autant la bonté de la Pouzzolane du Vivarais, que les ouvrages qu'on a la facilité de voir à

Montelimart chez M. Faujas de Saint-Fond, consistant en terrasses, avec des pieces d'eau par-dessus, en carrelages de plusieurs especes faits avec un ciment de Pouzzolane, exposés depuis plusieurs années à toutes les injures de l'air.

C'est d'après des faits aussi démonstratifs qu'il s'est formé une société pour l'exploitation de cette mine en grand, de maniere que par les fonds qu'on y a versés, on peut dans ce moment fournir cette terre toute criblée & transportée au bord du Rhône à un prix modique, qui met tout le monde à portée de s'en servir; aussi en fait-on des envois considérables dans plusieurs Villes du Royaume.

Comme le Livre de M. Faujas de Saint-Fond, qui a pour titre : *Recherches sur la Pouzzolane*, est presqu'entiérement consacré à des détails relatifs à la Chymie & à l'Histoire naturelle; un Traité sur la maniere de connoître & d'employer les différentes especes de cette terre, dégagé de tout autre détail, devenoit nécessaire dans les circonstances où l'on fait un grand usage des Pouzzolanes du Vivarais.

C'est cette espece de Manuel qu'on offre au Lecteur ; l'on a tâché de le présenter d'une maniere simple : il a été impossible cependant d'éviter tous les termes consacrés à l'histoire naturelle, sur-tout dans les détails que l'on donne sur les différentes variétés de Pouzzolane, dont il falloit offrir une espece d'analyse, mais le goût des Arts & des Sciences est si universellement répandu dans ce moment, que leur langage est à la portée de tout le monde.

CHAPITRE PREMIER.

A quel usage la Pouzzolane est-elle bonne ?

COMME la Pouzzolane a la propriété étant unie avec la chaux, de prendre la consistance la plus forte dans l'eau, on doit l'employer de préférence pour les môles, les jettées, les baſſins des ports de mer, pour les revêtements des acquéducs & des canaux de navigations, pour les écluſes, les fondations des ponts, pour les radiers, & les piles ſujettes à être habituellement dans l'eau; pour les pavés des ponts, & notamment de ceux en bois, afin d'éviter toute eſpece de ſuintement: pour les cîternes, réſervoirs, cuves à vin, cuves des nitrieres, des ſavonneries, des tanneries, des mégiſſeries, foſſes d'aiſances, & généralement pour toutes les conſtructions ſujettes à l'eau ou à une humidité habituelle.

Certaines eſpeces de Pouzzolane peuvent également être employées hors de l'eau dans quelques circonſtances; dans la conſtruction, par exemple, des terraſſes à l'Italienne, dans le carelage des ſalles-baſſes, moyen aſſuré pour ſe garantir de toute eſpece d'humidité, & ſe procurer un pavé plus durable & plus propre que celui qui eſt conſtruit en brique.

La Pouzzolane eſt d'une néceſſité abſolue pour certains ouvrages expoſés au feu : les grandes chaudieres des Savonneries doivent être bâties dans des maſſifs faits avec un mortier de Pouzzolane, seul moyen de rendre ces conſtructions ſolides & durables.

CHAPITRE II.

Exiſte-t-il pluſieurs eſpeces de Pouzzolane ?

TOUTE Pouzzolane doit être regardée comme le produit d'une lave plus ou moins altérée, plus ou moins réduite en ſcories vitrifiées, ſpongieuſes ou pulvérulentes, ſoit par les différents dégrés de calcination, ſoit par le pouvoir & la combinaiſon des fumées acides ſulphureuſes & des gas méphitiques qui jouent un ſi grand rôle dans les foyers des Volcans en activités : il s'enſuit de-là qu'il doit exiſter pluſieurs variétés dans les Pouzzolanes : nous allons en faire connoître les plus eſſentielles.

PREMIERE VARIÉTÉ.

Pouzzolane graveleuse compacte, Pouzzolane *Basaltique* : la lave dure & solide, le *Basalte* (*a*) réduit en petits éclats, en fragments graveleux, soit par quelque accident naturel, soit par le moyen de l'art, en le pulvérisant à l'aide de moulin semblables à ceux dont se servent les Hollandois, pour piler une lave plus tendre, qu'ils nomment *tras*, ou ciment d'Andernachk, (*b*) peut fournir une Pouzzolane excellente, propre à être employée dans l'eau ou hors de l'eau.

(*a*) Ce terme connu des Grecs & des Romains est consacré à désigner la lave noire, la lave couleur de fer, la plus dure & la plus compacte, telle que celle qui se configure en prisme & qu'on trouve aussi en masses irrégulieres, ou en courants, c'est le *Basaltes ferrèi coloris & duritiæ de Pline*, *lib.* 36. *cap.* 7. C'est la lave premiere, celle qui donne naissance aux autres, qui n'en sont que des modifications.

(*b*) Voyez le Journal de Physique de M. l'Abbé Rozier, où est la figure d'un de ces moulins tel qu'il est établi à Dordrecht : Mars 1779. pag. 199. planche 1 & 2.

L'on trouve quelquefois des amas de baſalte graveleux qu'on peut mettre utilement en œuvre. Cette variété de Pouzzolane exiſte non loin de *Rochemaure* en Vivarais.

II. Variété.

Pouzzolane poreuſe, formée par des laves ſpongieuſes, friables, réduites en pouſſiere & en petits grains irréguliers. C'eſt la Pouzzolane ordinaire qu'on trouve abondamment dans les environs de Baye, de Pouzzole, de Naples, de Rome, &c. Le principe ferrugineux de ces laves cellulaires, ayant éprouvé différentes modifications, a produit les variétés de couleur qu'on remarque dans cette eſpece; il en exiſte de la rouge, de la noire, de la rougeâtre, de la griſe, de la brune, de la violâtre, &c. Les laves poreuſes n'ont pas toutes ſouffert le même dégré d'incandeſcence, c'eſt pourquoi l'on en voit dont les pores ſont plus ou moins reſſerrés, les molécules plus ou moins adhérentes, & dont la pâte est plus ou moins seche ou friable : quelques-unes tendent à la décomposition, & sont un peu farineuses : mais les unes & les autres, étant unies avec la chaux, ont la propriété d'acquérir promptement de la consistance & de la dureté dans l'eau. Veut-on distinguer à quelle variété appartient une Pouzzolane quelconque ? il faut l'examiner sur place, ou tout au moins en choisir plusieurs fragments qu'on rompt par le milieu pour en étudier la contexture à l'aide d'une bonne loupe.

La Pouzzolane poreuse se trouve ordinairement en tas irréguliers, ou en grands massifs disposés quelquefois en maniere de courants, dans les environs des anciens Crateres ruinés : l'on en voit qui est naturellement réduite en poussiere, mais il s'en présente le plus souvent en grandes masses scorifiées qui ont une certaine adhérence, & que l'on est obligé de rompre avec des marteaux : la mine de *Chenavari* en Vivarais renferme cette variété.

III. Variété.

Pouzzolane dont l'origine eſt due à des pierres ponces blanchâtres réduites en pouſſiere : il en exiſte de pareille dans les environs de Baye : cette variété n'eſt cependant pas commune, ſur-tout dans les Volcans éteints, car la plupart de ces derniers ayant brûlés dans la mer à des époques reculées, ainſi qu'il y a lieu de le préſumer, les courants tranſportant au loin cette ſubſtance légere, doivent néceſſairement en avoir détruits de grandes quantités. (*a*)

IV. Variété.

Pouzzolane argilleuſe, d'un rouge vif, rougeâtre, d'un gris jaunâtre, affectant encore d'autres couleurs : d'une pâte ſerrée & compacte, quoique tendre, renfermant ſouvent des grains ou de petits

(*a*) Il faut diſtinguer les laves poreuſes & cellulaires d'avec les véritables pierres ponces : ces dernieres griſes ou blanchâtres ſurnagent toutes ſur l'eau, & ont un tiſſu fibreux aſſez reſſemblant à celui de l'asbeſte.

cryſtaux de *ſchorl* noir, intacts ou altérés, quelquefois des nœuds de *chryſolite* volcanique friable (*a*) happant un peu la langue, & reſſemblant à un bol argilleux, quoiqu'elle en differe eſſentiellement.

Cette Pouzzolane, qui juſqu'à préſent n'avoit été bien connue & ſoigneuſement décrite que par l'auteur *des Recherches ſur les volcans éteints du Vivarais & du Vélay*, (car quelques Naturaliſtes la prenoient pour une argille cuite par les volcans) eſt excellente pour le revêtement des baſſins, & généralement pour tous les ouvrages faits pour retenir & conſerver l'eau : elle eſt indubitablement le produit d'une lave compacte, d'un baſalte décompoſé, par l'action de l'acide ſulphureux, ou par d'autres agents qui nous ſont inconnus.

(*a*) L'on peut conſulter l'article *chryſolite des volcans*, à la page 247 & ſuiv. *des Recherches ſur les volcans éteints du Vivarais & du Vélay*, qui ſe trouvent chez *Nyon* ainé, Libraire, rue Saint-Jean de Beauvais, à Paris.

L'on

L'on trouve presque toujours cette Pouzzolane assise par bancs entre des coulées de basalte dans le voisinage des anciens Crateres démantelés, ou entre des lits de laves poreuses, ce qui n'est pas étonnant, puisqu'on doit considérer cette matiere, non comme une argille fortement chauffée, ce qui seroit une erreur insoutenable, mais comme une véritable lave altérée : il est facile de s'en convaincre en allant l'observer sur les lieux : l'on verra, 1°. que cette matiere est constamment placée parmi des produits volcaniques; 2°. que sa contexture est rapprochée de celle du basalte, si l'on examine sur-tout les morceaux les moins altérés. 3°. L'on reconnoîtra, qu'en la tirant de la mine par éclat, elle affecte dans sa cassure des irrégularités semblables à celles du basalte qu'on briseroit avec un marteau. 4°. Lorsque les bancs de lave compacte qui environnent cette Pouzzolane, sont abondants en schorl, dès-lors cette terre en renferme elle-même, & le schorl s'y trouve dans le même arrangement: si au contraire les laves adhérentes contiennent de la chrysolite, la Pouzzolane en contient aussi, & cette chrysolite a ordinairement subi la même altération que la lave argilleuse, c'est-à-dire, qu'elle est devenue friable, quoique très-dure de sa nature: circonstance qui nous paroît aussi intéressante que démonstrative.

5°. La Pouzzolane argilleuse offre souvent des paquets de laves poreuses inclus dans les gros morceaux qu'on détache de la mine, & ces laves poreuses adhérentes à la matiere de la Pouzzolane, sont converties en partie en substance tendre, semblable à la Pouzzolane elle-même.

6°. Enfin on trouve quelquefois de gros fragments de cette Pouzzolane, moitié basalte, noir & très-dur, & moitié lave rouge argilleuse.

La Pouzzolane de cette variété n'est donc, si l'on peut s'exprimer ainsi, qu'une espece de chaux basaltique, qu'une lave compacte en partie déphlogistiquée:

nous disons en partie déphlogistiquée, car en cet état elle fait mouvoir encore le barreau aimanté, (*a*) ce qui annonce qu'elle conserve des éléments métalliques.

Si nous avons donné à cette terre le nom de *Pouzzolane argilleuse*, c'est parce qu'elle happe la langue, & que lorsqu'on la trempe dans l'eau, elle est pâteuse & tenace sous la main, mais elle differe essentiellement des argilles ordinaires. On le répete, premiérement par le grain & par la forme des molécules, secondement par différentes propriétés chymiques qu'il seroit trop long de rapporter ici, & enfin par une expérience de comparaison qu'il est facile à chacun de répéter : prenez une véritable

(*a*) Il ne faut point se servir d'un aimant ordinaire, pour faire cette expérience, ni d'une aiguille de boussole, mais d'un petit barreau d'acier aimanté qui porte sur un pivot pointu ; rien n'est si commode & si utile que cet instrument, qui se place dans un étui, semblable à un porte-crayon. Le sieur Meyer, horloger, place du Palais Royal, en tient toujours de préparés, & les vend 4 liv. avec leur étui en bois de rose.

argille quelconque, amalgamez-la avec de la chaux vive, pour en faire un mortier à la maniere accoutumée, l'union de ces deux ſubſtances aura de la peine à ſe faire, la matiere s'aglutinera contre les inſtruments, & formera un ciment boueux, qui ne prendra jamais de la conſiſtance dans l'eau, & qui tombera en *detritus* à l'air : répétez la même expérience avec une chaux ſemblable, & de la Pouzzolane de cette variété; quoiqu'elle ſoit argilleuſe en apparence, elle ne ſera pas plutôt en contact avec la chaux, que ſa tenacité diſparoîtra, & qu'elle opérera le même effet que ſi l'on employoit un ſable friable & graveleux : le ciment qui en proviendra, ne s'attachera point à la truelle, durcira fortement dans l'eau, & formera des enduits impénétrables à tous les fluides.

Si nous nous ſommes trop étendus ſur cette variété, c'eſt qu'elle étoit importante à connoître pour l'hiſtoire naturelle & pour l'art de bâtir.

On trouve de la Pouzzolane argilleuſe dans les environs de l'Etna, dans diverſes parties de l'Italie, dans l'Auvergne, le Vélay; on en exploite une très-belle mine de la rouge ſur la montagne *de Chenavari* en Vivarais au-deſſus de Rochemaure.

V. VARIÉTÉ.

Pouzzolane, provenue d'éruptions volcaniques boueuſes.

La plûpart des volcans éteints, ayant brûlé autrefois ſous les eaux, dans des iſles, ou ſur des continents voiſins des mers, s'ouvroient, dans de violentes éruptions, des communications intérieures avec les eaux : ces dernieres rencontrant des vides profonds où l'air étoit raréfié à l'excès, s'y engouffroient avec précipitation, comme dans de vaſtes ſiphons, & jailliſſoient avec violence, juſque dans l'intérieur des Crateres : l'eau ſe trouvant alors dans un état de forte ébullition, diſſolvoit les ſubſtances ſalines, les ſoufres & les bitumes, entraînoit, balayoit les ponces, les ſcories, les laves pulvérulentes, les frites, & généralement tous les corps qu'elle rencontroit ſur ſa route : ces différents amas, pétris, remaniés, amalgamés, alternativement par l'eau & par le feu, engorgeoient bientôt les Crateres, qui s'en débarraſſant enſuite avec de violentes ſecouſſes, les vomiſſoient en longs ruiſſeaux, qui combloient ſouvent des vallées, ou formoient des monticules, dont l'origine nous ſeroit à jamais inconnue, ſi nous n'étions pas encore témoins quelquefois des mêmes phénomenes dans les volcans en activité.

Ces immenſes courants boueux ſont aſſez ordinairement unis & cimentés par un gluten ſpathique, qui eſt le produit des corps calcaires que les eaux entraînoient dans les foyers des volcans, (*a*) & qui s'y diſſolvoient par le pouvoir des feux ſouterrains, ou mieux encore par

(*a*) L'on trouve quelquefois des coquilles dans certaines éruptions du Véſuve, ce qui prouve ſa communication ſouterraine avec les eaux de la mer.

l'action des gas qui s'émanent en ſi grande abondance de ces gouffres embraſés. L'on voit ſouvent dans les fiſſures qu'offrent les tas de ces matieres, de charmantes cryſtalliſations, où le ſpath s'eſt configuré en rayons divergents partants d'un centre, où s'eſt grouppé en cryſtaux à pyramides triedes, de l'eſpece *du muria teſtarum* de Linné : des lits de ces ſubſtances boueuſes, contiennent auſſi quelquefois des points de zéolites : l'on comprend enfin qu'il doit y avoir des accidents & de variétés très-multipliées dans les entaſſements de ces matieres.

Toutes les fois donc que les Volcans éteints offriront des maſſes de cette eſpece, on pourra les faire attaquer avec des inſtruments de fer, & les réduire en une eſpece de ſable, avec des marteaux ou des maſſues, ce qui produira une des plus excellentes Pouzzolanes. Cette matiere étant criblée & prête à être miſe en œuvre, pourroit être priſe par des yeux non exercés, pour une eſpece de terre végétale ; mais en recourant à la loupe, on y diſtinguera, 1°. des grains irréguliers de baſalte dur & intact; 2°. divers éclats de baſalte rouillé, ayant ſubi un dégré d'altération; 3°. de petits nœuds de lave poreuſe de différentes couleurs, plus ou moins calcinés, plus ou moins altérés; 4°. de la Pouzzolane argilleuſe rougeâtre, griſe ou fauve; 5°. du ſchorl noir en grain ou en petits cryſtaux; 6°. des molécules ſpathiques calcaires, quelques noyaux de ſilex, de pierre à chaux, ou de granits à demi calcinés, & ſouvent intacts.

Telle eſt, par exemple, la belle mine de Pouzzolane qui s'exploite au-deſſus de Rochemaure en Vivarais : cette variété eſt d'autant plus précieuſe, qu'elle eſt compoſée de la réunion de toutes les autres eſpeces de Pouzzolane, & que les points calcaires qui s'y trouvent, loin d'en affoiblir la bonté, la rendent, au contraire, plus propre à prendre corps dans l'eau, & à former un ciment parfait par la conſtruction des terraſſes & des ouvrages ſous l'eau.

Cette variété présente aussi quelquefois d'autres accidents, qui tiennent à des circonstances locales, dans les unes le spath calcaire peut manquer, & être remplacé par des grains de zéolites, par des fragments de calcédoine, &c.

Comme les cinq variétés que nous venons de décrire, sont celles qui portent les caracteres les plus distinctifs, nous terminerons ici nos divisions, avec d'autant plus de raison, qu'il seroit difficile de trouver d'autres Pouzzolanes qui différassent essentiellement de celles-ci.

CHAPITRE III.

De la Chaux.

LORSQU'ON a des constructions à faire en Pouzzolane, il est essentiel de se procurer une chaux de la meilleure qualité : il ne faut point craindre la dépense à ce sujet ; on la retrouve avec avantage, par des ouvrages inébranlables, sur lesquels on n'est plus obligé de revenir : la chaux ne ſauroit être trop forte, & ſur-tout trop nouvelle ; de tous les moyens de la détremper, les deux ſuivants méritent la préférence.

§. I.

De la maniere de préparer la Chaux à la Françoiſe.

Formez un cercle avec du ſable, ou avec les matériaux qui doivent compoſer votre mortier : placez la chaux dans le milieu, verſez de l'eau deſſus à diverſes repriſes & par gradation, juſqu'à ce qu'elle ſoit parfaitement diſſoute, en ayant ſoin de ne pas la noyer : broyez enſuite le tout à l'aide d'un rabot de fer (*a*), que les ouvriers ne plaignent ni la peine ni le tems, & vous aurez alors un mortier bien fait.

(*a*) J'ai fait graver ce rabot, plus commode que les autres, *voyez* planche 1re. Il eſt étonnant qu'on ſe ſerve à Paris de mauvais rabots de bois, il n'eſt pas poſſible avec de pareils inſtruments de broyer convenablement le mortier.

Cette méthode d'une facile exécution, peut être employée dans de grandes constructions, qui exigent un emploi considérable de chaux.

§. II.

Préparation de la Chaux à la Romaine.

La seconde maniere de préparer la chaux est celle que M. de la Faye a fait revivre : prenez de la chaux nouvellement cuite & en pierre : faites la réduire par un ouvrier en morceaux de la grosseur d'un œuf, à l'aide d'un marteau tranchant ou d'une hachette ; qu'un autre manœuvre remplisse un panier à claire-voie de cette chaux ainsi brisée, & le plonge en entier dans un grand baquet, ou une cuve pleine d'eau, & l'y maintienne jusqu'à ce que l'eau ait bouillonné pendant quelques secondes : faites retirer alors le panier, & après l'avoir laissé égoutter un instant, qu'on le verse dans un tonneau vide, proportionné à la chaux qu'on doit éteindre : il faut avoir attention de ne pas remplir entiérement le tonneau, parce que la chaux en augmentant de volume, sortiroit : M. de la Faye recommande de ne couvrir le tonneau, avec une grosse toile ou un paillasson, que lorsque la chaux cesse de fumer : mais il est plus avantageux de la couvrir sans perdre tems avec six ou sept pouces de sable, qu'on jette sur la chaux dès que le tonneau est à-peu-près plein : la chaleur se trouvant alors fortement concentrée, & rien ne s'évaporant, la chaux se réduit en poussiere très-fine, & conserve toute sa vigueur : cette méthode est d'ailleurs très-commode pour la mesurer avec précision ; car dans les procédés où il est question de mesure exacte, il faut savoir que c'est toujours la chaux en poudre qu'il faut employer, car si elle étoit mesurée en pierre, le volume seroit presque double.

CHAPITRE IV.

Compoſition du mortier de Pouzzolane pour les grandes conſtructions dans la mer.

PRENEZ douze parties de Pouzzolane, ſix parties de gros ſable non terreux, neuf parties de chaux vive bien cuite & nouvelle, ſix portions de blocaille ou recoupe de pierre, & à ſon défaut, du gravier ſolide & pur.

Dans ce procédé, qui eſt celui qu'on emploie de tout tems dans le Port de Toulon, on a des meſures en bois, des eſpeces de caiſſons de diverſes grandeurs proportionnés à la quantité de mortier qu'on a à faire, & la chaux ſe meſure en pierre.

1°. L'on entaſſe la chaux en rond & on l'entoure d'une digue circulaire de Pouzzolane pour retenir l'eau : les recoupes de pierre, le gros ſable, ſont placés à côté, meſurés & ſous la main.

2°. On éteint la chaux avec de l'eau

de fontaine, de riviere ou de puits, pourvu qu'elle ne ſoit point chargée de ſélénite, en ſe conformant pour la préparation de la chaux, à ce que nous avons indiqué dans le §. I. du Chapitre III.

3°. Lorſque la chaux ſera bien diviſée, bien fondue, il faut la mêler ſur le champ avec la Pouzzolane, c'eſt-à-dire, que les ouvriers jetteront alternativement ſur la chaux, de la Pouzzolane & du gros ſable, tandis que d'autres mêleront & broyeront le tout avec ſoin.

4°. Cette opération faite, il faut faire le mélange de la recoupe de pierre ou du gravier, & rebroyer ſans perdre tems le mortier avec cette derniere matiere: pour que l'amalgame ſe faſſe bien, on doit rendre la pâte liquide en y jettant de l'eau ſi la choſe eſt néceſſaire.

5°. On met ce mortier en tas, pour le laiſſer repoſer en cet état pendant ſix heures; l'on peut s'en ſervir après ce délai, & en faire uſage pour les conſtructions dans l'eau, ſoit par encaiſſement ou jettée, ſuivant l'exigence des cas, & ſelon les regles uſitées dans l'art de bâtir ſous l'eau.

L'on doit avoir attention de ne pas garder ce mortier plus de trente-ſix heures, ſur-tout dans l'été, il durciroit & perdroit de ſa qualité, étant ramolli; il vaut mieux n'en préparer que la quantité néceſſaire pour être employée dans la journée, & en refaire du nouveau le lendemain.

CHAPITRE V.

Mortier pour les Acqueducs, Cîternes, Baſſins, Souterrains humides, &c.

RIEN n'eſt auſſi ſimple que la maniere de conſtruire les baſſins, & les autres ouvrages en Pouzzolane, deſtinés à contenir habituellement de l'eau : nous allons donner des procédés à la portée de tout le monde, d'après ceux que M. Faujas a fait mettre en œuvre pour la conſtruction des conſerves d'eau qu'il a fait faire ſur des terraſſes en Pouzzolane, & qui ont eu un ſuccès d'autant plus aſſuré, qu'elles ont bravé la rigueur des hivers, & la chaleur des parties méridionales de la France.

Pour bâtir ſolidement un baſſin ou tout autre ouvrage analogue, il faut ſe procurer deux eſpeces de mortier.

Le premier doit être fait avec une meſure de Pouzzolane, une meſure de ſable non terreux, & une meſure de chaux vive nouvellement éteinte : ſi la chaux eſt préparée à *la romaine*, elle ſera meſurée en poudre ; ſi elle eſt détrempée *à la françoiſe*, on la doſera en pâte, ce qui eſt facile, en la mettant avec des pelles dans la caiſſe qui ſert de meſure.

Obſervation à ce ſujet.

Comme le premier mortier eſt deſtiné à la conſtruction des baſſins, des cîternes, &c. il eſt important que la chaux en ſoit parfaitement diviſée : la chaux peut quelquefois n'être pas également cuite & être

dure

dure à fuser, les ouvriers l'appellent alors *chaux paresseuse*; une telle chaux, quoique bonne d'ailleurs, seroit dangereuse si on l'employoit sur le champ, car les moindres grains non dissous, feroient bientôt effort contre les murs, & les ébranleroient en déplaçant les pierres: il faut donc porter la plus grande attention sur cet objet, 1°. en faisant détremper la chaux avec beaucoup de soin, 2°. en faisant broyer fortement le mortier, 3°. en le laissant reposer au moins pendant vingt-quatre heures: nous observons qu'alors il ne faut faire la premiere préparation de ce mortier qu'avec le sable, la Pouzzolane devant n'y être mêlée que le jour qu'on l'employera: cela est fondé sur ce que la Pouzzolane accélerant la dessication du mortier, ce dernier durciroit trop pendant les 24 heures de repos, si la Pouzzolane y étoit amalgamée: il vaut donc mieux ne la mêler que le lendemain en rebroyant le mortier.

La matiere ainsi conditionnée est propre à bâtir les murs néceſſaires pour conſtruire les baſſins ſelon les regles de l'art, que nous n'indiquerons pas ici, parce qu'on trouve de bonnes méthodes à ce ſujet dans d'excellents livres d'architecture : nous recommanderons ſeulement d'employer du moëllon choiſi, de ne laiſſer aucun vide dans les murs, & de leur donner une épaiſſeur convenable au volume d'eau que les conſtructions doivent contenir, épaiſſeur qui doit être plutôt trop forte que trop foible, à cauſe de la pouſſée de l'eau qui eſt toujours conſidérable : le pavé du fond du baſſin doit être fait avec de bons matériaux & du mortier de Pouzzolane, & ſi le ſol eſt mouvant, l'on ne doit pas balancer à former un double pavé.

La charpente du baſſin ainſi conſtruite, il reſte à le crépir & à l'enduire ; la partie extérieure peut être crépie & enduite avec le même mortier en Pouzzolane que celui des murs, mais le crépiſſage intérieur doit être fait avec le mortier ſuivant.

Prenez deux mesures de Pouzzolane, une mesure de chaux forte très-nouvelle, dissoute à la romaine : faites un mortier de ces deux matieres, & laissez-le reposer pendant six heures : ce tems expiré, broyez-le de nouveau avec beaucoup de soin, & vous aurez le mortier propre à crépir & à enduire les murs destinés à être continuellement dans l'eau. (*a*)

Si à l'époque où vous travaillerez à vos pieces d'eau, le soleil étoit violent, ou si le vent séchoit trop promptement le mortier, vous aurez soin après avoir crépi les murs intérieurs, de les enduire le même jour, pour éviter les gerçures & les fentes : si le tems au contraire étoit humide & frais, l'on peut renvoyer l'enduit au lendemain ou au surlendemain, pourvu que le mortier qu'on y emploie

(*a*) *Crépir* un mur, c'est y appliquer du mortier, d'une maniere rustique & sans l'égaliser : *enduire*, c'est jetter un second mortier sur celui-ci, lorsqu'il commence à durcir, & cette seconde couche doit être unie & polie avec le dos de la truelle.

ſoit du même jour : il eſt impoſſible de donner des regles poſitives à ce ſujet, parce que les circonſtances locales, la qualité de la chaux, la ſaiſon, peuvent produire des variétés imprévues ; mais un Entrepreneur éclairé, connoiſſant une fois la préparation des différents mortiers de Pouzzolane, ne ſera jamais embarraſſé pour l'emploi.

L'enduit d'un baſſin fait, un maçon doit le veiller pour fermer avec le dos de la truelle, les moindres fentes qui pourroient s'y former par la retraite & la deſſication du mortier ; l'on ne ſauroit être trop attentif à cet objet, juſqu'à ce que l'enduit ait pris de la conſiſtance, ce qui n'eſt pas long.

Dès-lors ſi le baſſin eſt conſtruit dans la terre, & qu'il ſoit à l'abri des pouſſées, l'on peut y introduire l'eau au bout de huit jours dans l'été, & au bout de quinze jours dans l'hiver : la Pouzzolane ſe plaiſant dans l'humidité, on ne ſauroit trop tôt la couvrir d'eau.

Si au contraire les murs des réservoirs, acqueducs, &c. s'élevent hors de terre, il faut tarder davantage, & attendre qu'ils soient en état de soutenir le volume d'eau qu'on doit y introduire, & dans ce dernier cas il faut avoir soin de mouiller l'enduit intérieur avec des linges, & y faire entrer cependant deux ou trois pieds d'eau, qui répandront une humidité favorable & même nécessaire, toutes les fois qu'on voudra se procurer des ouvrages inébranlables.

Tout se réduit donc ici à former deux mortiers ; le premier avec une mesure de sable, une mesure de chaux, & une mesure de Pouzzolane, selon le procédé que nous avons indiqué pour la construction des gros murs : le second avec deux mesures de Pouzzolane, une mesure de chaux vive nouvelle, préparée à la romaine.

Lorsqu'on aura de fortes constructions à faire, l'on peut ajouter dans l'un ou l'autre de ces mortiers, selon l'exigence des cas, une meſure & quelquefois deux de recoupes de pierres, ou de gros gravier pur & non terreux, ce qui non-ſeulement donne de la ſolidité à certains ouvrages, mais devient en même tems un objet d'économie, en augmentant le volume des matieres.

C'eſt à l'entrepreneur inſtruit, on le répete, à faire le choix du premier ou du ſecond mortiers, dans diverſes conſtructions analogues à celles dont nous venons de parler.

Lorſqu'un baſſin, un acqueduc ou une cîterne ſeront abſolument achevés, & que l'eau y ſera, il peut ſe faire qu'on y découvre quelques légers ſuintements, occaſionnés par des fiſſures imperceptibles à la vue : qu'on ſoit tranquille, l'eau y aura bientôt dépoſé des molécules de ſpath calcaire, qui comme autant de petites ſtalagmites fermeront toute eſpece d'iſſue à l'eau, & ce ſera tout au plus l'objet de quinze jours de tems.

CHAPITRE VI.

Des Terraſſes & des Carrelages.

L'ON peut conſtruire des terraſſes ſur des voûtes ou ſur des charpentes: les premieres s'exécutent avec la plus grande facilité, les ſecondes exigent des précautions, mais réuſſiſſent auſſi bien que les premieres ſi l'on apporte un grand ſoin dans le choix des matériaux, & la plus grande ſolidité dans leur conſtruction.

Mortier pour les Terraſſes.

Prenez une meſure de ſable non terreux, une meſure de chaux vive de la meilleure qualité, nouvelle & éteinte à la romaine: formez-en un mortier bien broyé, & laiſſez-le repoſer pendant vingt-quatre heures: ce délai expiré, joignez-y une meſure de Pouzzolane en le rebroyant de nouveau.

Conſtruction des Terraſſes ſur Charpente.

Si vous voulez former le toit d'une maiſon en terraſſe, ce qui eſt un avantage aussi agréable qu'utile, faites diriger votre charpente par les gens de l'art, de la maniere la plus solide, que les bois soient d'une excellente qualité, situés & rapprochés de maniere à éviter l'élasticité, le plus que faire se pourra, ne lui donnez que les pentes absolument nécessaires pour l'écoulement des eaux : si ces pentes sont artistement ménagées, elles s'appercevront à peine : on peut diviser la terrasse en plusieurs compartiments, relativement à l'étendue du local, & l'entourrer d'une balustrade en pierre de taille ou en fer.

La charpente établie & recouverte par de bonnes planches bien jointées & fortement arrêtées, l'on placera dessus un lit de paille de trois ou quatre lignes d'épaisseur : cette paille sera recouverte avec trois pouces de sable bien égalisé & battu, qu'il faudra mouiller ensuite à fond avec des arrosoirs, précaution indispensable : vous aurez le mortier dont nous avons donné la préparation tout prêt & ſous la main ; vous y ferez ajouter une meſure, c'eſt-à-dire, un quart de recourpes de pierres, environ de la grandeur de la moitié de la main, ou du gros gravier très-pur ſi les recoupes vous manquent, le tout ſera fortement broyé, & formera le premier mortier de la terraſſe, mais vous en réſerverez une portion ſans recoupe deſtinée pour la couche ſupérieure.

Vous ferez jetter ſur le ſable bien imbibé d'eau, un lit de quatre pouces d'épaiſſeur environ du mortier avec recoupe, que l'ouvrier étendra avec la truelle, il en ſera ſur le champ jetté ſur celui-ci un ſecond d'un pouce d'épaiſſeur environ avec du mortier ſans mêlange de pierres, & on l'égaliſera parfaitement, en ſe dirigeant par de longues regles en bois diſpoſées de maniere à donner le niveau & l'épaiſſeur de la terraſſe : l'on procédera ainſi partie par partie, juſqu'à ce que la totalité de la terraſſe ſoit garnie en maçonnerie.

On laiſſera repoſer le tout pendant deux ou trois jours en été, & pendant quatre ou cinq dans l'hiver, en un mot, jusqu'à ce que le mortier ait pris une certaine consistance, & que l'on puisse y marcher dessus sans trop s'enfoncer : dès-lors si la terrasse est grande, plusieurs ouvriers seront occupés à la battre & à la massiver (*a*) pour lui donner de la solidité & éviter les fentes : cette opération doit être répétée deux fois par jour dans l'automne & dans le printems, & quatre ou cinq fois dans l'été, & même davantage si le cas l'exige ; car il peut se faire qu'il survienne dans cette saison quelque vent brûlant qui desseche trop promptement le mortier, c'est alors qu'il faut redoubler de soin, battre sans cesse, égaliser avec la truelle, & arroser souvent pour donner de l'humidité & de la fraîcheur.

S'il survenoit par hasard quelques pluies pendant que la terrasse est encore fraîche, & auparavant même qu'elle ait été battue,

---

(*a*) J'ai fait graver un Battoir pour que l'on prenne une idée exacte de sa forme, *voyez* planche Ire.

ne vous inquiétez point, la ſuperficie ſera légérement effleurée, mais la Pouzzolane rejettant toute ſurabondance d'eau, & ſe plaiſant en même tems dans l'humidité, l'ouvrage n'en deviendra que plus ſolide à l'abri des fentes, & vous en ſerez quitte pour maſſiver de nouveau la terraſſe, & la faire égaliſer & polir avec le dos de la truelle. Lorſque la terraſſe refuſera le battoir, on la laiſſera repoſer pendant quelques jours, c'eſt-à-dire, juſqu'à ce qu'on s'apperçoive qu'elle commence à acquérir de la dureté, mais l'on aura toujours attention de veiller à ce qu'il ne ſe forme aucunes fentes, & de l'arroſer ſi le tems étoit chaud.

Si on veut la laiſſer unie, ſans y tracer de carrelage, il faut, lorſqu'elle refuſera le battoir, la couvrir de paille, avec un demi-pouce de ſable pardeſſus, que l'on arroſera de tems en tems pour lui conſerver une fraîcheur néceſſaire, car plus elle ſera humectée, plus elle ſera parfaite & inébranlable : mais ſi l'on eſt bien aiſe d'y tracer des loſanges, ou de grands carreaux imitant des dalles, il eſt eſſentiel de ſaiſir le moment où elle aura acquis aſſez de ſolidité pour conſerver le moule occaſionné par l'impreſſion forcée d'une petite corde qu'on y poſera deſſus, & qu'on frappera avec le battoir.

C'eſt au moyen d'une groſſe ficelle qu'on deſſinera avec la plus grande facilité & d'une maniere auſſi ſimple que variée, le carrelage d'une terraſſe : deux manœuvres & un ouvrier ſuffiſent pour cette opération ; l'ouvrier trace aux extrêmités de la terraſſe, avec une regle, les diſtances des carreaux ou des loſanges, & les indique avec un trait fait à la pierre noire, trait qui ne doit porter au reſte, que ſur les ſimples bordures de la terraſſe, & qui n'eſt fait que pour ſervir d'indication à ceux qui doivent placer les ficelles tendues.

Cette opération faite, les manœuvres

munis d'une ficelle ronde, bien cordée & d'une égale grosseur, la tiennent très-fortement tendue en l'appliquant sur le point de ralliement, l'ouvrier alors le battoir à la main, frappera perpendiculairement & bien d'à-plomb sur la ficelle tendue, un seul coup suffira pour la faire entrer dans le ciment où elle laissera son empreinte, & se moulera sans occasionner la moindre dégradation : on la suivra ainsi en la battant dans toute sa longueur, & en observant qu'il faut lever lestement la corde toutes les fois qu'il s'agira de la déplacer pour former de nouvelles lignes: c'est en procédant de cette maniere que la plus grande terrasse sera promptement carrelée.

Comme les procédés les plus simples sont quelquefois les plus difficiles à décrire, nous avons cru qu'il seroit à propos d'éclairer les détails que nous venons de donner par une gravure, *voyez* planche II.

La terrasse étant dessinée, doit être

couverte avec de la paille, ſur laquelle on jette un lit de ſable d'un pouce d'épaiſſeur : la paille ſert à garantir la terraſſe des écorchures, le ſable la tient humide & la défend des impreſſions de l'air & du ſoleil : cette couverture qui doit être arroſée de tems en tems, peut être enlevée au bout d'un mois dans l'été & de deux dans le printems & dans l'automne. Cette attente, au reſte, qui n'eſt pas bien longue, tend à procurer la plus grande ſolidité & un bel enſemble à l'ouvrage ; l'on peut d'ailleurs marcher deſſus la terraſſe, & s'en ſervir comme ſi elle avoit acquis ſon dernier dégré de dureté, pourvu qu'on n'y laiſſe pas tomber avec violence de gros fardeaux. Il arrive aſſez ordinairement, que la paille en ſe pourriſſant dépoſe une couleur de rouille qui tache la terraſſe, mais qui ne lui porte aucun préjudice : il eſt facile de lui reſtituer ſa premiere couleur, en détrempant de la chaux vive nouvelle, pour en former un lait de chaux liquide, dans lequel on jettera une aſſez grande quantité de Pouzzolane rouge tamiſée : l'on paſſera avec un pinceau, une ou deux couches de cette eſpece de couleur à freſque ſur la terraſſe, qui prendra alors une teinte agréable & ſolide : c'eſt lorſqu'on enlevera la paille qu'il faudra faire cette opération.

L'on comprend que les procédés que nous venons d'indiquer pour les terraſſes, s'appliquent facilement aux carrelages des appartements bas & du rez de chauſſée, & qu'il s'agit ſimplement alors de retrancher la premiere couche de paille & celle de ſable, ſur-tout lorſque le carrelage portera ſur la terre ; plus la piece qu'on voudra carreler ſera ſujette à l'humidité, plus l'ouvrage ſera ſolide, & le lieu deviendra ſain, car la Pouzzolane ayant la propriété d'abſorber & de s'approprier l'eau, ne donnera jamais paſſage à la moindre évaporation.

De toutes les Pouzzolanes connues, celle qui doit être ſans contredit préférée pour les terrasses & les carrelages, est la Pouzzolane grisâtre de Rochemaure en Vivarais, *mine de Chabane*, qui l'emporte de beaucoup sur celle d'Italie : le tableau de comparaison, que nous plaçons ici, ne laisse aucun doute sur ce fait : il est fondé sur des expériences faciles & peu cheres, qu'il est libre à chacun de répéter.

Prenez une mesure de chaux vive nouvelle & en pierre, faites la dissoudre à la romaine, joignez-y deux mesures de Pouzzolane grise ou rougeâtre d'Italie, une mesure de recoupes de pierre ou de gros gravier, amalgamez le tout à la maniere indiquée, laissez reposer six heures, rebroyez de nouveau, & remplissez avec ce mortier, un petit caisson, ou une boite de six pouces cubiques, percée dans tous les sens.

Faites une pareille opération avec les Pouzzolanes d'un rouge vif, d'un gris rougeâtre de Chanavari, & avec la grisâtre de *Rochemaure*, *mine de Chabane*; formez-en autant de lots séparés dans des caissons

caissons de six pouces, recouvrez-les avec une planchette percée de trous qu'il ne sera pas nécessaire de clouer, mais de fixer seulement avec une corde, numérotez les boites, & coulez-les sur le champ à fond dans un bassin, où il y ait assez d'eau, pour qu'elles soient recouvertes au moins de six pouces; placez-les de maniere à pouvoir être retirée à votre volonté; prenez note du jour & de l'heure de l'opération, & si la chaux est d'une bonne qualité, vous aurez le Tableau de comparaison suivant.

	POUZZOLANE *d'Italie, rougeâtre.* Id. *grise. Pouzzolane de* Chenavari *en Vivarais, d'un rouge vif.* Id. *d'un gris rougeâtre.*		POUZZOLANE *grisâtre de Rochemaure en Vivarais, mine de* Chabane, *voyez Variété 5e.*
6e. jour.	Ces trois Variétés retirées de l'eau le 6e. jour, n'ont encore pris aucune consistance, l'on y enfonce le doigt avec la plus grande facilité.	6e. jour.	Retirée de l'eau le sixieme jour, elle est déja d'une dureté sensible sur la superficie ; elle résiste sous le doigt, & on ne peut l'y enfoncer qu'en l'appuyant avec force.
12e. jour.	Le 12e. jour elles commencent à acquérir une légere dureté sur la superficie, le doigt éprouve une résistance sensible, mais s'y enfonce sans effort.	12e. jour.	Le 12e. jour, la résistance est double, le doigt ne peut plus s'y enfoncer.
18e. jour.	Le 18e. jour la dureté est un peu plus forte, mais la croûte fléchit sous le doigt.	18e. jour.	Le 18e. jour elle est plus dure encore, & commence à raisonner lorsqu'on la frappe avec un corps dur, tel qu'une planchette de bois.
24e. jour.	Le 24e. jour elles commencent à être à peu-près d'une dureté égale à la Pouzzolane grise de Rochemaure, mine *de Chabane,* telle qu'elle est retirée le 6e. jour.	24e. jour.	Le 24e. jour, la résistance va toujours en augmentant & pénetre plus profondément dans la masse.
30e. jour.	Le 30e. jour ces Pouzzolanes commencent à acquérir une assez grande dureté, le doigt ne peut plus s'y enfoncer, quelqu'effort que l'on fasse.	30e. jour.	Le 30e. jour elle est aussi dure que le seroit la Pouzzolane grise ou rougeâtre d'Italie & les deux autres especes du Vivarais, au bout de deux mois & demi.

Ces expériences, qui ſont de la plus grande exactitude, pourront peut-être éprouver entre les mains de ceux qui voudront s'occuper à les répéter, quelques légeres variations, ſoit en raiſon de la qualité de la Chaux, de ſon dégré de cuiſſon, ou relativement à la maniere de préparer le ciment, mais les différences n'en ſeront jamais que de deux ou trois jours, & les progreſſions ſeront les mêmes (*a*).

(*a*) Les gens inſtruits & laborieux qui aiment les arts & s'en occupent, s'attachent d'abord aux faits & aux expériences, ils raiſonnent enſuite ſur la théorie : les ignorans & les oiſifs, au contraire, prennent la route oppoſée, & raiſonnent toujours d'avance. Ces derniers ſont malheureuſement les plus nombreux, & cette eſpece nuiſible retarde ſouvent les progrès des connoiſſances.

Lorſqu'on annonça pour la premiere fois qu'il y avoit eu très-anciennement pluſieurs volcans en Auvergne, & que l'on y trouvoit de la Pouzzolane ſemblable à celle d'Italie, les imbécilles & les ſots regarderent d'un œil de pitié les Savants eſtimables qui avoient fait cette découverte utile : l'on apporta de la Pouzzolane à Paris ; mais ſoit qu'elle ne fût pas bien choiſie, ou plutôt alors l'hiſtoire naturelle n'ayant pas porté ſon flambeau dans l'architecture, & ceux qui exerçoient ce bel art, n'étant pas inſtruits comme ils le ſont à preſent, il ne fut plus queſtion de Pouzzolane, que dans quelques livres de chymie & d'hiſtoire naturelle juſqu'en 1776 ; que l'hiſtorien des volcans du Vivarais & du

Vélay, ayant reconnu deux belles mines de ce sable volcanique, non loin du Rhône, les fit ouvrir à ses frais, y fit construire des chemins, & fit faire chez lui des essais dans tous les genres ; bientôt le Gouvernement en étant instruit, M. de Sartine, attentif à tout ce qui pouvoit intéresser le service du Roi, fit sur le champ éprouver dans le port de Toulon les Pouzzolanes du Vivarais, tandis que d'un autre côté, le Directeur-Général des Bâtimens du Roi, M. le Comte d'Angiviller, à qui les arts & les sciences ont tant d'obligations, fit transporter des Pouzzolanes du Vivarais dans la capitale, & s'occupa de cet objet utile.

La chymie & l'histoire naturelle, eurent bientôt analysé les Pouzzolanes du Vivarais, & reconnurent leur identité avec celles d'Italie : les personnes qui en connoissoient l'usage & qui étoient dans le cas d'employer ce ciment naturel, se sont félicitées de le trouver, pour ainsi dire, sous la main, & l'on fait dans ce moment en France, un grand usage des différentes variétés de Pouzzolanes du Vivarais, ce qui est dû aux soins que s'est donné M. Faujas pour les faire connoître.

Mais ceux qui n'ont ni savoir ni besoin de Pouzzolane, & qui ne veulent pas se donner la peine de s'instruire, se plaisent encore à répandre de l'incertitude sur un objet aussi démontré ; quelques-uns contestent les expériences faites dans le port de Toulon ; d'autres soutiennent que c'est à l'excellente qualité de la chaux de Montelimar, que les terrasses à l'Italiene & les bassins de M. Faujas doivent leur inébranlable solidité ; l'on ne doit répondre à de tels frondeurs, qu'en leur présentant le Tableau de comparaison qui termine ce mémoire, ce qui vaut mieux qu'une foule d'attestations & de procès-verbaux qu'on auroit pû faire imprimer, mais qui n'auroient servi qu'à grossir le volume : on les exhorte à répéter ces expériences, & à se taire.

FIN.

EXPLICATION DES PLANCHES.

PLANCHE Ire.

FIG. 1. Brosse pour peindre les Terrasses, avec une fresque de chaux & de Pouzzolane rouge, passée au tamis fin.

FIG. 2. Rabot de fer avec son manche en bois.

FIG. 3. Pelle pour remuer le ciment.

FIG. 4. Battoir en bois de noyer ou de chêne, qui doit avoir quatre pouces d'épaisseur, & être bien égalisé en dessous.

FIG. 5. Corde pour tracer les Carreaux.

FIG. 6. Niveau.

FIG. 7. Truelle.

PLANCHE II.

Cette gravure représente la maniere de former les Carreaux d'une Terrasse, ou d'un appartement au rez de chaussée.

TABLE DES MATIERES.

TABLE DES MATIERES.

Fin de la Table.

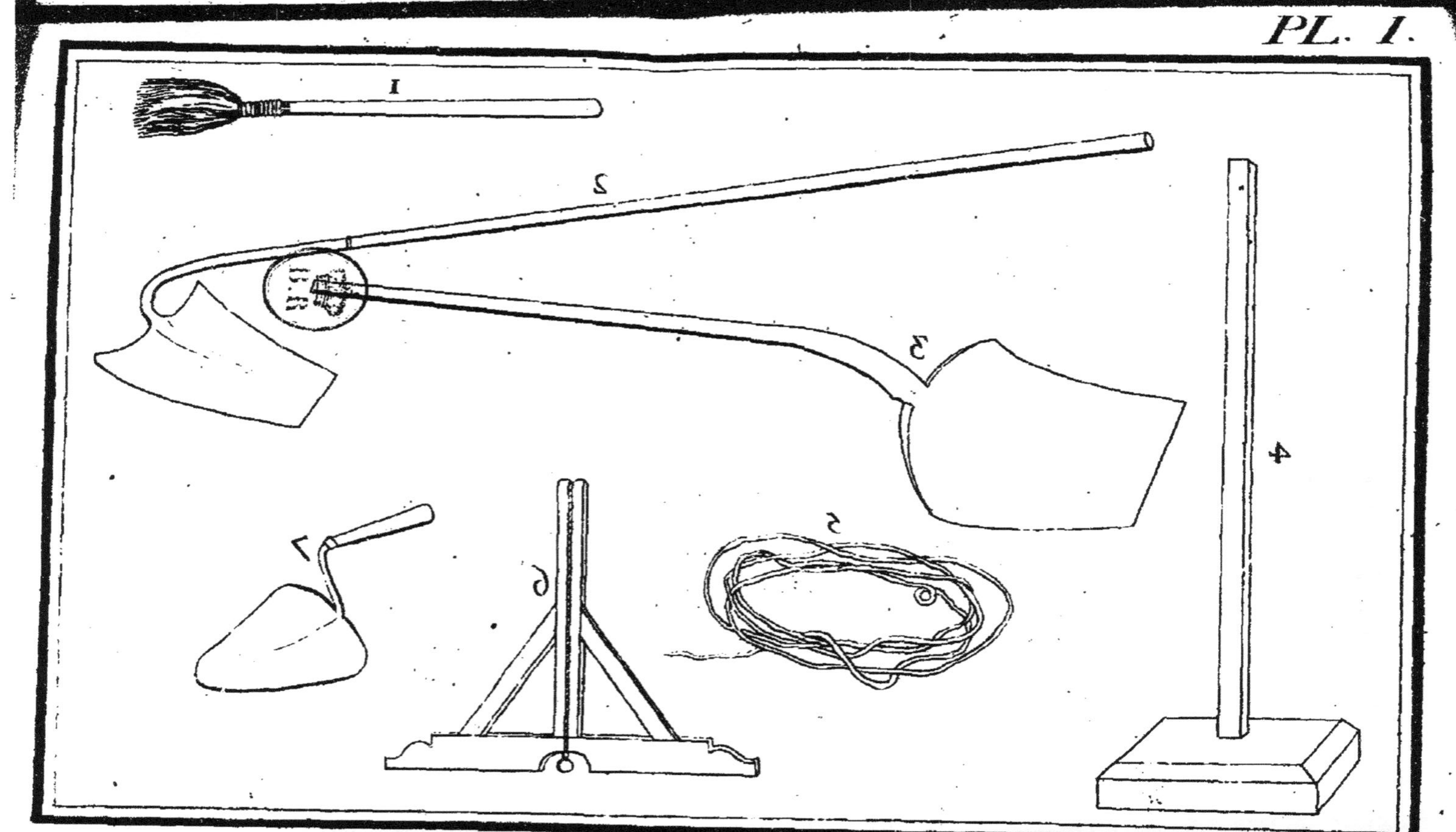
PL. I.
1
2
3
4
5
6
7

PL. II.

www.ingramcontent.com/pod-product-compliance
Ingram Content Group UK Ltd.
Pitfield, Milton Keynes, MK11 3LW, UK
UKHW012259240726
13966UKWH00004B/1494